BEI GRIN MACHT SICH IHR WISSEN BEZAHLT

AF137208

- Wir veröffentlichen Ihre Hausarbeit, Bachelor- und Masterarbeit

- Ihr eigenes eBook und Buch - weltweit in allen wichtigen Shops

- Verdienen Sie an jedem Verkauf

Jetzt bei www.GRIN.com hochladen und kostenlos publizieren

Steven Dendl

Definition dynamischer Systeme durch Differentialgleichungen

GRIN Verlag

Bibliografische Information der Deutschen Nationalbibliothek:

Die Deutsche Bibliothek verzeichnet diese Publikation in der Deutschen National-bibliografie; detaillierte bibliografische Daten sind im Internet über http://dnb.d-nb.de/ abrufbar.

Impressum:

Copyright © 2014 GRIN Verlag GmbH
Druck und Bindung: Books on Demand GmbH, Norderstedt Germany
ISBN: 978-3-656-69104-4

Dieses Buch bei GRIN:

http://www.grin.com/de/e-book/275956/definition-dynamischer-systeme-durch-differentialgleichungen

GRIN - Your knowledge has value

Der GRIN Verlag publiziert seit 1998 wissenschaftliche Arbeiten von Studenten, Hochschullehrern und anderen Akademikern als eBook und gedrucktes Buch. Die Verlagswebsite www.grin.com ist die ideale Plattform zur Veröffentlichung von Hausarbeiten, Abschlussarbeiten, wissenschaftlichen Aufsätzen, Dissertationen und Fachbüchern.

Besuchen Sie uns im Internet:

http://www.grin.com/

http://www.facebook.com/grincom

http://www.twitter.com/grin_com

Seminar über Systemtheorie und Anwendungen in Naturwissenschaft und Technik

2. **Thema ausgearbeitet von Steven Dendl**

Dynamische Systeme, definiert durch Differentialgleichungen
- lineare und zeitinvariante Systeme, die von einem DGLn-System herkommen
- algebraische Natur solcher DGL- Systeme

Einführung

Was sind Dynamische Systeme?

- sind die Lehre von allen Dingen, die sich mit der Zeit ändern
- das beeinhaltet das Universum, das Leben und den ganzen Rest
  - Himmelsmechanik
  - biologische Populationen
  - das Wetter
  - physikalisches Pendel
  - Computersimulationen
  - mathematische Iterationsverfahren

Besonders wichtig in der Technik sind lineare und zeitinvariante Systeme, die durch lineare gewöhnliche Differentialgleichungen mit konstanten Koeffizienten beschrieben werden.
Dies kann durch ein System von n-Differentialgleichungen 1. Ordnung geschehen.
Die darin auftretenden Koeffizienten sind wegen der Zeitinvarianz konstant.

Was ist eine Differentialgleichung?

[1]Eine Differentialgleichung ist also eine Gleichung, in der eine Funktion(hier: Signal) , deren Ableitungen, die Variable(hier: Zeit), von der die Funktion abhängt und Konstanten vorkommen.

Die Ordnung bezeichnet dabei die höchste Ableitung, die vorkommt.

Man spricht auch von einem System von g Differentialgleichungen für die q Komponenten $w_1, \ldots, w_q$ von w.

Gesucht ist die Menge aller Funktionen, die diese Differentialgleichung erfüllt.
Also das Ziel ist, die Lösungen zu finden.

---

1   Florian Modler, Martin Kreh: Tutorium Analysis 2 und Lineare Algebra 2, S. 132/133.

- Beispiel [2]

<u>Freier Fall im Vakuum</u> (Zeitpunkt $t_0 = 0$)

- <u>Fallgeschwindigkeit:</u> $v(t) = g \cdot t$

$$\text{mit} \quad t = Zeit \quad , \quad g = 9,81 \frac{m}{s^2}$$

<u>Für die Falltiefe s(t) gilt:</u> $(\frac{d}{dt}) \cdot s = v(t)$ Lineare Differentialgleichung 1.Ordnung

<u>Falltiefe bestimmen also die Lösung der Differentialgleichung:</u>

$$s(t) = \int_0^t [v(\tau) d\tau]$$ wobei hier die Integrationsvariable τ ist , weil t die Grenze ist

<u>Hier gilt also(Fallgeschwindigkeit eingesetzt):</u> $s(t) = \int_0^t [(g \cdot \tau) d\tau]$

$$s(t) = [\frac{g \cdot \tau^2}{2}]_0^t = \frac{1}{2} \cdot g \cdot t^2$$

Wann ist ein System linear und zeitinvariant?

- Parameter hängen nicht von der Zeit ab und Zusammenhänge zwischen den Signalen sind linear

 <u>Mathematische Beschreibung:</u>

- Systeme liefern als Folge einer Ursache eine Wirkung:
      Ursache $u(t)$ $\rightarrow$ *System* $\rightarrow$ Wirkung $w(t)$

– Gegeben sei ein System, welches auf die Ursache u_1 mit der Wirkung w_1 reagiert, auf eine andere Ursache u_2 mit der Wirkung w_2.

– Das System ist <u>linear</u>, wenn
    - a-fache Ursache die a-fache Wirkung zeigt
    - die Summe der Ursachen die Summer der Wirkungen hervorruft.

$$a \cdot u_1(t) \quad \rightarrow \quad System \rightarrow \quad a \cdot w_1(t)$$
$$u_1(t) + u_2(t) \quad \rightarrow \quad System \rightarrow \quad w_1(t) + w_2(t)$$

---

2 Prof. Dr. Georg Illies : Gewöhnliche Differentialgleichungen, S.7. (hier Beispiel ohne Luftwiderstand)

- Das System ist <u>zeitinvariant</u>, wenn
  - das Verhalten des Systems sich mit der Zeit nicht ändert, also das System auf eine zeitversetzte Ursache mit der selben Wirkung reagiert, aber um die gleiche Zeit versetzt.

$$u_1(t-Ty) \quad \rightarrow \quad \text{System} \quad \rightarrow \quad w_1(t-Ty)$$

Beispiel

Gegeben sei das System

$$w(t)=\sin(u(t))$$

Ist dieses System linear bzw zeitinvariant?

<u>Linearität überprüfen:</u>

<u>Linearkombination am Ausgang:</u>
Für zwei beliebige Eingangssignale $u_1(t)$ und $u_2(t)$ lauten die entsprechenden Ausgangssignale
$$w_1(t)=\sin(u_1(t)) \quad \text{und} \quad w_2(t)=\sin(u_2(t))$$

Die Linearkombination der Ausgangssignale lautet (a,b reelle oder komplexe Zahlen):

$$a\cdot w_1(t)+b\cdot w_2(t)=a\cdot\sin(u_1(t))+b\cdot\sin(u_2(t))$$

<u>Linearkombination am Eingang:</u>
Die Linearkombination der Eingangssignale lautet:

$$u(t)=a\cdot u_1(t)+b\,\dot{u}_2(t)$$

Also ist das Ausgangssignal:

$$w(t)=\sin(u(t))=\sin(a\cdot u_1(t)+b\cdot u_2(t))$$

$$= \quad \sin(a\cdot u_1(t))\cdot\cos(b\cdot u_2(t))+\cos(a\cdot u_1(t))\cdot\sin(b\cdot u_2(t))$$

$$\neq \quad a\cdot\sin(u_1(t))+b\cdot\sin(u_2(t))=a\cdot w_1(t)+b\cdot w_2(t)$$
für beispielsweise $\quad a=2, b=0, u_1(t)=(\frac{\Pi}{2}), u_2(t)=0$

$\rightarrow$ Nicht lineares System

Zeitinvarianz überprüfen:

Zeitverschiebung am Ausgang:

Für ein beliebiges Eingangssignal $u_1(t)$ lautet der Ausgang

$$w_1(t) = \sin(u_1(t))$$

Es folgt durch Zeitverschiebung :

$$w_1(t-t_0) = \sin(u_1(t-t_0))$$

Zeitverschiebung am Eingang:

Zeitverschobenes Eingangssignal u_2(t) mit

$$u_2(t) = x_1(t-t_0)$$

Das entsprechende Ausgangssignal lautet

$$w_2(t) = \sin(u_2(t)) = \sin(u_1(t-t_0)) = w_1(t-t_0)$$

→ Zeitvariantes System

Notation:

Zur Beschreibung der Signalübertragung verwenden wir :

$$R \cdot \left(\frac{d}{dt}\right) \cdot w = 0 \qquad \text{Gewöhnliche Differentialgleichung}$$

Explizit:

$$R_0 \cdot w + R_1 \cdot \left(\frac{d}{dt}\right) \cdot w + \ldots + R_L \cdot \left(\frac{d^{(L)}}{dt^{(L)}}\right) \cdot w = 0$$

mit $\quad R_0, R_{1,\ldots}, R_L \in IR^{g \times q}$ gegebene Koeffizientenmatrizen,

$\dfrac{d}{dt}$ der Differentialoperator und $\quad w : IR \rightarrow IR^q \quad$ das Signal

Diese Gleichung beschreibt ein Dynamisches System mit Zeitachse $\quad T = IR$
und Signalbereich $\quad W = IR^q$ und Verhalten $\quad B$ bestehend aus diesen Signalen
$w \quad$, für welche die Differentialgleichung gilt.

Notation im Detail:

Betrachten wir das System von $\quad g \quad$ linearen Differentialgleichungen mit konstanten
Koeffizienten und reell-wertigen Signalen $\quad w_1, w_2, \ldots, w_q \quad$:

$$r_{110} \cdot w_1 + \ldots + r_{(1qn_{1q})} \cdot \left(\frac{d^{(n_{1q})}}{dt^{(n_{1q})}}\right) \cdot w_q = 0$$

$$\vdots \qquad\qquad\qquad \vdots$$

$$r_{g10} \cdot w_1 + \ldots + r_{(gqn_{gq})} \cdot \left(\frac{d^{(n_{gq})}}{dt^{(n_{gq})}}\right) \cdot w_q = 0$$

merken wir dass eine mühsame Notation liefert.

Also benutzten wir **Polynommatrizen** um das Ganze kompakt zu halten:

- $IR[\xi] \quad$ bedeutet die Menge der reellen Polynome in $\quad \xi$

- $\xi \quad$ heißt Indeterminante

- $IR^{(n_1 \times n_2)}[\xi] \quad$ bedeutet die Menge von reellen Polynommatrizen mit $\quad n_1 \quad$ Zeilen
  und $\quad n_2 \quad$ Spalten

- Sei $r(\xi) \in I\!R[\xi]$ ein Polynom mit reellen Koeffizienten

$$r(\xi) = a_0 + a_1 \cdot \xi + \ldots + a_n \cdot \xi^n$$

mit $a_0, \ldots, a_n \in I\!R$ und ξ die Indeterminante

- Wir ersetzen ξ durch $\dfrac{d}{dt}$:

$$r\left(\frac{d}{dt}\right) = a_0 + a_1 \cdot \left(\frac{d}{dt}\right) + \ldots + a_n \cdot \left(\frac{d^n}{dt^n}\right)$$

- Wir können den Differentialoperator $\dfrac{d}{dt}$ auf eine n-mal differenzierbare Funktion f: $I\!R \rightarrow I\!R$ anwenden:

$$r \cdot \left(\frac{d}{dt}\right) \cdot f = a_0 \cdot f + a_1 \cdot \left(\frac{d}{dt}\right) \cdot f + \ldots + a_n \cdot \left(\frac{d^n}{dt^n}\right) \cdot f$$

- <u>Jetzt verallgemeinern wir das für den mehrdimensionalen Fall</u>

Wir konstruieren die **Polynome**:

$$r_{kl}(\xi) = r_{kl0} + r_{kl1} \cdot \xi + \ldots + r_{(kln_u)} \cdot \xi^{(n_u)}$$

mit $k = 1, 2, \ldots, g$, $l = 1, 2, \ldots, q$
und gestalten sie zu einer $g \times q$ Polynommatrix:

$$R(\xi) := \begin{bmatrix} r_{11}(\xi) & \cdots & r_{1q}(\xi) \\ \vdots & & \vdots \\ r_{gl}(\xi) & \cdots & r_{gq}(\xi) \end{bmatrix}$$

- <u>Wir können auch schreiben:</u>

$$R(\xi) = R_0 + R_1 \cdot \xi + \ldots + R_L \cdot \xi^L$$

mit L das Maximum der Einträge n_{kl} und mit $R_j \in I\!R^{(g \times q)}$

- Ersetzen wir wieder ξ durch $\dfrac{d}{dt}$, wie im eindimensionalen Fall erhalten wir:

$$R \cdot \left(\frac{d}{dt}\right) = R_0 + R_1 \cdot \left(\frac{d}{dt}\right) + \ldots + R_L \cdot \left(\frac{d^L}{dt^L}\right)$$

- Gestalten wir die Zeitfunktionen $w_{1,} \dots , w_q$ zu einem Spaltenvektor w ,
$w : IR \rightarrow IR^q$ und weisen nach, dass $R \cdot (\frac{d}{dt}) \cdot w = 0$, dann erhalten wir nichts anderes als eine kompakte Schreibweise des Systems von g linearen Differentialgleichungen

Beispiel:

$$Sei \; R(\xi) = \begin{bmatrix} \xi^3 & -2+\xi & 3 \\ -1+\xi^2 & 1+\xi+\xi^2 & \xi \end{bmatrix}$$

- Die mehrdimensionale Differentialgleichung $R \cdot (\frac{d}{dt}) \cdot w = 0$ lautet:

$$(\frac{d^3}{dt^3}) \cdot w_1 - 2 \cdot w_2 + (\frac{d}{dt}) \cdot w_2 + 3 \cdot w_3 = 0$$

$$-w_1 + (\frac{d^2}{dt^2}) \cdot w_1 + w_2 + (\frac{d}{dt}) \cdot w_2 + (\frac{d^2}{dt^2}) \cdot w_2 + (\frac{d}{dt}) \cdot w_3 = 0$$

Lösungen von $R \cdot (\frac{d}{dt}) \cdot w = 0$

Betrachten wir eine stetig partiell differenzierbare Funktion w , dann heißt sie *„starke"* Lösung von $R \cdot (\frac{d}{dt}) \cdot w = 0$.

Es kann aber sein, dass die Funktion w nicht stetig ist und somit nicht differenzierbar

Die Funktion w ist ein Vektor, deren Komponenten die Eingänge der Signalübertragung sind.

Diese können willkürlich verändert bzw manipuliert werden(w wird zb. unstetig).

Somit muss auch die Lösung, die nicht stetig ist , definiert werden.

Diese heißt dann „schwache" Lösung von $R \cdot (\frac{d}{dt}) \cdot w = 0$.

Definition(„starke" Lösung)

Eine Funktion $w : IR \rightarrow IR^q$ heißt eine starke Lösung von $R \cdot (\frac{d}{dt}) \cdot w = 0$,

$R(\xi) \in IR^{g \times q}[\xi]$, falls die Komponenten von w so oft differenzierbar sind wie erforderlich von der Differentialgleichung $R \cdot (\frac{d}{dt}) \cdot w = 0$ und falls w

eine Lösung im gewöhnlichen Sinn ist , also falls $(R \cdot (\frac{d}{dt}) \cdot w)(t) = 0$ für alle t $\in$ IR gilt.

Bestimmung der Lösungs eines homogenen DGL Systems[3]

Die Lösungen bilden einen Vektorraum.

Eine Basis

$$w_{1,} \dots w_q$$

dieses q - dimensionalen Vektorraums nennt man auch
Fundamentalsystem des DGL – Systems

Das Fundamentalsystem faßt man zusammen zu einer einer Lösunsmatrix

$$\left(w_{1,} \dots , w_q \right)$$

Ansatz für die Lösung: $w = e^{(\lambda \cdot t)} \cdot v$ mit λ Eigenwert und v Eigenvektor

Beispiel:

Gegeben sei das DGL- System

$$\left(\frac{d}{dt}\right) \cdot w_1 - 7 \cdot w_1 + 5 \cdot w_2 = 0$$

$$\left(\frac{d}{dt}\right) \cdot w_2 - 4 \cdot w_1 + 2 \cdot w_2 = 0$$

Also

$$\left(\frac{d}{dt}\right) \cdot w_1 = 7 \cdot w_1 - 5 \cdot w_2$$
$$\left(\frac{d}{dt}\right) \cdot w_2 = 4 \cdot w_1 - 2 \cdot w_2$$

d.h

$$\left(\frac{d}{dt}\right) \cdot w = \begin{bmatrix} 7 & -5 \\ 4 & -2 \end{bmatrix} \cdot w$$

---

3   Prof. Dr. Georg Illies : Gewöhnliche Differentialgleichungen, S.25, S.32.

Eigenwerte bestimmen(nach LA2):

$$det\left(\begin{bmatrix} 7-\lambda & -5 \\ 4 & -2-\lambda \end{bmatrix}\right) = (7-\lambda)\cdot(-2-\lambda)+20 = \lambda^2-5\cdot\lambda+6 = 0$$

→ Durch die Lösungsformell quadratischer Gleichungen erhalten wir :

$$\lambda_1=2, \lambda_2=3$$

Eigenvektoren bestimmen(nach LA2):

$$\lambda_1:\begin{bmatrix} -5 & 5 \\ -4 & 4 \end{bmatrix}\cdot\begin{bmatrix} v_1 \\ v_2 \end{bmatrix} = 0 \text{ , Eigenvektor } v = \begin{bmatrix} 1 \\ 1 \end{bmatrix}$$

$$\lambda_2:\begin{bmatrix} -4 & 5 \\ -4 & 5 \end{bmatrix}\cdot\begin{bmatrix} v_1 \\ v_2 \end{bmatrix} = 0 \text{ , Eigenvektor } v = \begin{bmatrix} 5 \\ 4 \end{bmatrix}$$

Fundamentalsystem:

$$w_1=e^{(2\cdot t)}\cdot\begin{bmatrix} 1 \\ 1 \end{bmatrix}$$
$$w_2=e^{(3\cdot t)}\cdot\begin{bmatrix} 5 \\ 4 \end{bmatrix}$$

Die Funktionen sind stetig partiell differenzierbar
→ Die Lösungsmenge ist eine starke Lösung.

Definition(Unendlich differenzierbare Funktion)
Eine Funktion $w: IR \to IR^q$ heißt unendlich differenzierbar falls w $k-mal$
differenzierbar ist für alle natürlichen Zahlen k.
Den Raum von unendlich differenzierbaren Funktionen $w: IR \to IR^q$
bezeichnet man als $C^\infty(IR, IR^q)$

Definition(Lokal integrierbare Funktion)
Eine Funktion w: IR → IR^q heißt lokal integrierbar falls für alle $a,b \in IR$ gilt:

$$\int_a^b\left[\sqrt{\sum_{i=1}^q w_i^2(t)}\,dt\right]<\infty$$

Den Raum von lokal integrierbaren Funktionen $w: IR \to IR^q$
bezeichnet man als $L_1^{loc}(IR, IR^q)$

Beispiel

$$w_1 + \left(\frac{d^2}{dt^2}\right) \cdot w_1 + w_2 - \left(\frac{d}{dt}\right) \cdot w_2 = 0$$

Wir integrieren die Gleichung zweimal und erhalten:

$$\int_0^t \int_0^\tau w_1(s)\,ds\,d\tau + w_1(t) + \int_0^t \int_0^\tau w_2(s)\,ds\,d\tau - \int_0^t w_2(\tau)\,d\tau \;=\; c_0 + c_1 \cdot t$$

mit $\quad c_0, c_1 \in I\!R$

$(w_1, w_2) \quad$ sind lokal integrierbar

Es ist klar dass für jede starke Lösung $\quad (w_1, w_2) \quad$ der ersten Gleichung ,
Konstanten $\quad c_0, c_1 \quad$ existieren, sodass die zweite Gleichung erfüllt ist.

Umgekehrt gillt auch, falls $\quad (w_1, w_2) \quad$ die zweite Gleichung mit Konstanten $\quad c_0, c_1$
erfüllt und falls $\quad (w_1, w_2) \quad$ stetig partiell differenzierbar ist , dann erfüllt $\quad (w_1, w_2)$
auch die erste Gleichung.

Falls aber $\quad (w_1, w_2) \quad$ nicht zweimal differenzierbar ist könnten wir $\quad (w_1, w_2)$
als "schwache" Lösung der ersten Gleichung bezeichnen, falls $\quad (w_1, w_2) \quad$ die zweite
Gleichung mit Konstanten $\quad c_0, c_1 \quad$ erfüllt.

Definition("Schwache" Lösung)
Sei $\quad R(\xi) \in I\!R^{g \times q}[\xi] \quad$ eine Polynommatrix

Betrachte wieder $\quad R \cdot \left(\frac{d}{dt}\right) \cdot w = 0$

Wir definieren den Integral Operator angewendet im $\quad L_1^{loc}(I\!R, I\!R^q) \;:$

$$\left(\int w\right)(t) \;:=\; \int_0^t [w(\tau)\,d\tau] \quad , \quad \left(\int^{(k+1)} w\right)(t) \;:=\; \int_0^t \left[\left(\int^k w\right)(\tau)\,d\tau\right]$$

Wie wir wissen können wir $\quad R(\xi) \quad$ auch so schreiben:

$$R(\xi) = R_0 + R_1 \cdot \xi + \dots + R_L \cdot \xi^L$$

Betrachten wir folgende <u>Integralgleichung</u>:

$$\left(\left(R_0 \cdot \int^L + R_1 \cdot \int^{(L-1)} + ... + R_{(L-1)} \cdot \int + R_L \right) \cdot w \right)(t) = c_0 + c_1 \cdot t + ... + c_{(L-1)} \cdot t^{(L-1)}$$

mit $\quad c_i \in IR^q$

$\rightarrow \quad w \in L_1^{loc}(IR, IR^q)$ ist eine schwache Lösung von $\quad R \cdot (\frac{d}{dt}) \cdot w = 0$, falls

Vektoren mit Konstanten Komponenten $\quad c_i \in IR^q \quad$ existieren, so dass
die <u>Integralgleichung</u> für fast alle $\quad t \in IR \quad$ erfüllt ist.

Beispiel

Betrachten folgende Differentialgleichung: $\quad (\frac{d}{dt}) \cdot w_2 = w_2 + w_1$

Eine starke Lösung erhält man durch folgende Gleichung:

$$w_2(t) = \int_0^t e^{(t-\tau)} \cdot w_1(\tau) d\tau \quad \text{mit} \quad w_1(\tau) \quad \text{stetige Funktion}$$

Wie man auf die Lösung kommt, wird im nächsten Kapitel gezeigt.

Ein Beispiel für eine " schwache" Lösung, die keine "starke" Lösung ist , wäre:

$$(w_1(t), w_2(t)) = (0,0) \quad \text{für} \quad t < 0 \quad , \quad (1, e^t - 1) \quad \text{für} \quad t \geq 0$$

<u>Beweis , dass die Lösung schwach ist</u>:

Man sieht, dass die angegebene Lösung nicht stetig ist und somit nicht differenzierbar
also keine starke Lösung.

Wir schreiben unsere Differentialgleichung um : $\quad (\frac{d}{dt}) \cdot w_2 - w_2 - w_1 = 0$

Wir integrieren diese Gleichung einmal und erhalten:

$$w_2 - \int_0^t w_2(\tau) d\tau - \int_0^t w_1(\tau) d\tau = c_0 \quad \text{mit} \quad c_0 \in IR$$

Offensichtlich erfüllt $(w_1(t), w_2(t))$ die Integralgleichung und ist damit eine
schwache Lösung von $(\frac{d}{dt}) \cdot w_2 - w_2 - w_1 = 0$.

Satz

Betrachte das Verhalten B dass durch $R \cdot (\frac{d}{dt}) \cdot w = 0$ beschrieben wird.

Jede "starke" Lösung von $R \cdot (\frac{d}{dt}) \cdot w = 0$ ist eine "schwache" Lösung.

Jede "schwache" Lösung, die stetig partiell differenzierbar ist, ist eine "starke" Lösung.

Definition

$R \cdot (\frac{d}{dt}) \cdot w = 0$ beschreibt das Dynamische System $\Sigma = (IR, IR^q, B)$

Das Verhalten B wird definiert als

$B := \{ w \in L_1^{loc}(IR, IR^q) \mid w$ ist eine schwache Lösung von $R \cdot (\frac{d}{dt}) \cdot w = 0 \}$

Topologische Eigenschaften des Verhaltens

Definiton(Konvergenz im Sinne von $L_1^{loc}(IR, IR^q)$)

Eine Folge $\{ w_k \}$ in $L_1^{loc}(IR, IR^q)$ konvergiert gegen $w \in L_1^{loc}(IR, IR^q)$
im Sinne von $L_1^{loc}(IR, IR^q)$ falls für alle $a, b \in IR$ gilt:

$$\lim \int_a^b [\, |w(t) - w_k(t)| \, dt] = 0$$

|.| ist die Euklidische Norm im IR^q

Satz

Sei $R(\zeta) \in IR^{g \times q}[\zeta]$ und sei B das Verhalten beschrieben durch $R \cdot (\frac{d}{dt}) \cdot w = 0$

Falls $w_k \in B$ gegen $w \in L_1^{loc}(IR, IR^q)$ im Sinne von $L_1^{loc}(IR, IR^q)$ konvergiert,
dann ist $w \in B$

Beweis:

Weil $w_k \in B$ existieren Vektoren $c_{(0,k)}, \dots, c_{(L-1,k)}$ so dass gilt:

$$((R_0 \cdot \int^L + R_1 \cdot \int^{(L-1)} + \dots + R_{(L-1)} \cdot \int + R_L) \cdot w_k)(t) = c_{(o,k)} + c_{(1,k)} \cdot t + \dots + c_{(L-1,k)} \cdot t^{(L-1)}$$

Weil $w_k \to w$ für $k \to \infty$ und da gilt: $\lim_{k \to \infty} \int_0^t w_k(\tau) d\tau = \int_0^t \lim_{k \to \infty} w_k(\tau) d\tau$

(Vertauschung möglich, da Integration eine stetige Operation in $L_1^{loc}(IR, IR^q)$ ist) folgt $(k \rightarrow \infty):$ $\quad \lim \left(\left(R_0 \cdot \int^L + R_1 \cdot \int^{(L-1)} + ... + R_{(L-1)} \cdot \int + R_L \right) \cdot w_k \right)(t)$

$= \quad \left(\left(R_0 \cdot \int^L + R_1 \cdot \int^{(L-1)} + ... + R_{(L-1)} \cdot \int + R_L \right) \cdot w \right)(t)$ im Sinne von $\quad L_1^{loc}(IR, IR^q)$

Außerdem gilt$(k \rightarrow \infty):$ $\quad \lim c_{(i,k)} = c_i$

Also konvergieren $\quad c_{(0,k)}, ..., c_{(L-1,k)}$ zu $\quad c_0, ..., c_{(L-1)}$

Damit erhalten wir:

$$\left(\left(R_0 \cdot \int^L + R_1 \cdot \int^{(L-1)} + ... + R_{(L-1)} \cdot \int + R_L \right) \cdot w \right)(t) = c_0 + c_1 \cdot t + ... + c_{(L-1)} \cdot t^{(L-1)}$$

für fast alle t

und daraus ergibt sich $\quad w \in B$ $\qquad$ #

Definition(Funktion ϕ)

$\phi(t) \;=\; 0 \quad$ falls $\quad |t| \geq 1 \quad,\quad e^{\left(\frac{-1}{(1-t^2)} \right)} \quad$ für $\quad |t| < 1$

Diese Funktion ist unendlich differenzierbar

Lemma
Sei $\quad w \in L_1^{loc}(IR, IR^q) \quad$ und $\quad \phi \quad$ gegeben

Wir definieren eine Funktion $\quad v \quad:$

$$v(t) \;:=\; \int_{-\infty}^{\infty} \left[\phi(\tau) \cdot w(t-\tau) \, d\tau \right]$$

Dann ist die Funktion v unendlich differenzierbar

Beweis:
Man prüft ob

$$\left(\frac{d^n}{dt^n} \cdot v \right)(t) \;=\; \int_{-\infty}^{\infty} \left[\phi^{(n)}(\tau) \cdot w(t-\tau) \, d\tau \right] \qquad \#$$

Bemerkung
Die Funktion $\quad v \quad$ ist bekannt als das Faltungsprodukt von $\quad \phi \quad$ und $\quad w \;:\; \phi * w$

Lemma

Sei $R(\xi)\in IR^{gxq}[\xi]$ und sei B das Verhalten beschrieben durch $R\cdot(\frac{d}{dt})\cdot w=0$
und ϕ gegeben

Dann gilt für jedes $w\in B$: $\phi * w \in B$

Beweis

Sei $w\in L_1^{loc}(IR, IR^q)$

Vertauschen der Integrationsreihenfolge: $\int(\phi * w)=\phi * (\int w)$

Wenden wir folgendes an(siehe Definiton der "schwachen" Lösung:

$$(R_0\cdot\int^L + R_1\cdot\int^{(L-1)} +...+ R_{(L-1)}\cdot\int + R_L)\cdot(\phi * w)$$

$$= \quad \phi * (R_0\cdot\int^L + R_1\cdot\int^{(L-1)} +...+ R_{(L-1)}\cdot\int + R_L)\cdot(\phi * w) \quad \text{da} \quad w\in B$$
$$= \quad \phi * (c_0+...+c_{(L-1)}\cdot t^{(L-1)})$$

Es bleibt zu zeigen, dass das Faltungsprodukt von einem Polynom mit der Funktion ϕ wieder ein Polynom von selben Grad ist.

Dazu bilden wir die L-Ableitung vom Faltungsprodukt $\phi * (c_0+...+c_{(L-1)}\cdot t^{(L-1)})$:

$$\frac{d^L}{dt^L}[\ \phi * (c_0+...+c_{(L-1)}\cdot t^{(L-1)}) \ ]=\phi * [\ \phi * (c_0+...+c_{(L-1)}\cdot t^{(L-1)}) \ ] = 0$$

Also ist das Faltungsprodukt ein Polynom vom selben Grad und damit

$$\phi * w \in B \quad \#$$

Satz

Sei $w\in L_1^{loc}(IR, IR^q)$

Dann existiert eine Folge w_k in $C^\infty(IR, IR^q)$ die im Sinne von $L_1^{loc}(IR, IR^q)$ gegen w konvergiert.

Korrolar

Sei $R(\xi)\in IR^{gxq}[\xi]$ und sei B das Verhalten beschrieben durch $R\cdot(\frac{d}{dt})\cdot w=0$

Für jedes $w\in B$ existiert eine Folge $w_k\in B\cap C^\infty(IR, IR^q)$, sodass w_k im Sinne von $L_1^{loc}(IR, IR^q)$ gegen w konvergiert.

Satz

Sei $R_1(\xi) \in IR^{(g1xq)}[\xi]$ und $R_2(\xi) \in IR^{(g2xq)}[\xi]$. Die zugehörigen Verhalten werden mit B_1 und B_2 bezeichnet.
Falls $B_1 \cap C^\infty(IR, IR^q) = B_2 \cap C^\infty(IR, IR^q)$ dann gilt $B_1 = B_2$

Satz

Das Verhalten B , das wir anhand der "weichen" Lösung definiert haben ist linear und zeitinvariant.

Beweis

<u>Linearität:</u>
Seien $w_1, w_2 \in B$ und sei $\lambda \in \mathbb{C}$
Wir definieren: $w := w_1 + \lambda \cdot w_2$
Zu zeigen ist: $w \in B$
Es existieren Vektoren $c'_0, ..., c'_{(L-1)}$ und $c''_0, ..., c''_{(L-1)}$ da $w_1, w_2 \in B$
sodass $\left(R_0 \cdot \int^L + R_1 \cdot \int^{(L-1)} + ... + R_{(L-1)} \cdot \int + R_L\right) \cdot w_1 = c'_0, ..., c'_{(L-1)} \cdot t^{(L-1)}$ und
$\left(R_0 \cdot \int^L + R_1 \cdot \int^{(L-1)} + ... + R_{(L-1)} \cdot \int + R_L\right) \cdot w_2 = c''_0, ..., c''_{(L-1)} \cdot t^{(L-1)}$ gilt.
Wir definieren: $c_i := c'_i + \lambda \cdot c''_i$

Dann gilt: $\left(R_0 \cdot \int^L + R_1 \cdot \int^{(L-1)} + ... + R_{(L-1)} \cdot \int + R_L\right) \cdot w$

$= \left(R_0 \cdot \int^L + R_1 \cdot \int^{(L-1)} + ... + R_{(L-1)} \cdot \int + R_L\right) \cdot (w_1 + \lambda \cdot w_2)$

$= \left(R_0 \cdot \int^L + R_1 \cdot \int^{(L-1)} + ... + R_{(L-1)} \cdot \int + R_L\right) \cdot w_1$

$+ \lambda \cdot \left(R_0 \cdot \int^L + R_1 \cdot \int^{(L-1)} + ... + R_{(L-1)} \cdot \int + R_L\right) \cdot w_2$

$= c'_0 + ... + c'_{(L-1)} \cdot t^{(L-1)} + \lambda \cdot (c''_0 + ... + c''_{(L-1)} \cdot t^{(L-1)})$

$= c_0 + ... c_{(L-1)} \cdot t^{(L-1)}$

Das zeigt die Linearität

<u>Zeitinvarianz:</u>
Sei $w \in B$ und definieren : $\tilde{w}(t) := w(t - t_1)$
Nach einem Satz existiert somit eine Folge $w_k \in B \cap C^\infty(IR, IR^q)$, sodass sie im Sinne von $L_1^{loc}(IR, IR^q)$ gegen w konvergiert.
Definieren die zeitversetzte Folge: $\tilde{w}_k(t) := w_k(t - t_1)$
Da $\frac{d}{dt} \cdot (w(t - t_1)) = (\frac{d}{dt} \cdot w)(t - t_1)$, also der Differentialoperator ist kommutativ mit dem Verschiebungsoperator.
Damit gilt auch $R \cdot (\frac{d}{dt}) \cdot \tilde{w} = 0$

Da w_k zu w konvergiert, konvergiert auch $\tilde{w}_k$ zu $\tilde{w}$
Nach einem Satz erhalten wir somit $\tilde{w} \in B$

#

Polynomringe und Polynommatrizen

Die Menge von Polynomen mit reellen oder komplexen Koeffizienten bilden einen Ring.

Ein Ring ist eine nichtleere Menge mit zwei Verknüpfungen, einer Addition und einer Multiplikation

Seien

$$a(\xi) = a_0 + a_1 \cdot \xi + \dots a_n \cdot \xi^n \quad , \quad b(\xi) = b_0 + b_1 \cdot \xi + \dots + b_m \cdot \xi$$

Addition von zwei Polynomen
<u>ist definiert als:</u>

$$a(\xi) + b(\xi) := (a_0 + b_0) + (a_1 + b_1) \cdot \xi + \dots$$

Multiplikation von zwei Polynomen
<u>ist definiert als:</u>

$$a(\xi) \cdot b(\xi) := a_0 \cdot b_0 + (a_1 \cdot b_0 + a_0 \cdot b_1) \cdot \xi + (a_0 \cdot b_2 + a_1 \cdot b_1 + a_2 \cdot b_0) \cdot \xi^2 + \dots$$

Mit diesen Definitionen der Addition und Multiplikation, $IR[\xi]$ und $C[\xi]$ bilden wir einen Ring.

Division mit Rest ist ebenfalls möglich!

Division von zwei Polynomen
<u>ist definiert als:</u>

Für jede zwei Elemente $a(\xi)$ und $b(\xi)$ ($a(\xi) \neq 0$) existieren Polynome $q(\xi), r(\xi)$ im Ring, so dass

$$b(\xi) = q(\xi) \cdot a(\xi) + r(\xi)$$

mit $deg(r(\xi)) < deg(a(\xi))$ gilt.

- $q(\xi)$ der Quotient von $b(\xi)$ und $a(\xi)$
- $r(\xi)$ der Rest

Beispiel

Sei $a(\xi) = 2 - \xi + \xi^2$ und $b(\xi) = 4 - 2 \cdot \xi + 3 \cdot \xi^2 + 3 \cdot \xi^3 + \xi^4$

Polynomdivision:

$$
\begin{array}{l}
(\xi^4 + 3 \cdot \xi^3 + 3 \cdot \xi^2 - 2 \cdot \xi + 4) \;\; : \;\; (\xi^2 - \xi + 2) \;\; = \;\; \xi^2 + 4 \cdot \xi + 5 \\
\underline{-(\xi^4 - \xi^3 + 2 \cdot \xi^2)} \\[4pt]
\quad 4 \cdot \xi^3 + \xi^2 - 2 \cdot \xi \\
\quad \underline{-(4 \cdot \xi^3 - 4 \cdot \xi^2 + 8 \cdot \xi)} \\[4pt]
\qquad 5 \cdot \xi^2 - 10 \cdot \xi + 4 \\
\qquad \underline{-(5 \cdot \xi^2 - 5 \cdot \xi + 10)} \\[4pt]
\qquad\qquad -5 \cdot \xi - 6
\end{array}
$$

Damit erhalten wir $q(\xi) = \xi^2 + 4 \cdot \xi + 5$ und $r(\xi) = -5 \cdot \xi - 6$

also $b(\xi) = (\xi^2 + 4 \cdot \xi + 5) \cdot a(\xi) - 5 \cdot \xi - 6$

Ringe, in denen Division mit Rest möglich sind, nennt man Euklidische Ringe.

Die Definitionen von Addition und Multiplikation von Polynomen werden natürlicherweise auch bei Polynommatrizen hervorgerufen, vorausgesetzt natürlich, dass die Matrizen von passender Größe sind.

Die Determinante einer quadratischen Polynommatrix ist eine skalare ganzrationale Funktion.

Sei $R(\xi)$ eine quadratische Matrix mit $det(R(\xi)) \neq 0$ dann existiert die inverse Matrix $R^{-1}(\xi)$, die aus rationalen Funktionen besteht, also ihre Einträge sind Quotienten von Polynomen.

Äquivalente Darstellungen

Systeme von Differentialgleichungen beschreiben Dynamische Systeme

Wir wissen, dass das Dynamische System $\Sigma = (IR, IR^q, B)$ durch die Polynommatrix $R(\xi) \in IR^{(g \times q)}[\xi]$ dargestellt werden kann.

Es gibt viele Polynommatrizen, die das selbe dynamische System darstellen.

Definition (Äquivalente Differentialgleichungen)
Sei $R_i(\xi) \in IR^{(g_i \times q)}[\xi]$, $i=1,2$

Die Differentialgleichungen heißen <u>äquivalent</u>, falls sie das selbe Dynamische System beschreiben.

Beispiel
Betrachte das System von Differentialgleichungen

I $\qquad w_1 + (\frac{d^2}{dt^2}) \cdot w_1 = 0$

$\qquad\qquad\qquad\qquad\qquad (1)$

II $\qquad -w_2 + (\frac{d^2}{dt^2}) \cdot w_2 = 0$

und das scheinbar unterschiedliche System:

I $\qquad w_1 + (\frac{d^2}{dt^2}) \cdot w_1 = 0$

$\qquad\qquad\qquad\qquad\qquad (2)$

II $\qquad (\frac{d^2}{dt^2}) \cdot w_1 + (\frac{d^4}{dt^4}) \cdot w_1 - w_2 + (\frac{d^2}{dt^2}) \cdot w_2 = 0$

Die beiden Systeme definieren das selbe Dynamische System.

(1): Die erste Differentialgleichung kann man äquivalent schreiben als:
$$(\frac{d^2}{dt^2}) \cdot w_1 + (\frac{d^4}{dt^4}) \cdot w_1 = 0$$

Addiert man diese zur zweiten Differentialgleichung in (1)
oder
Subtrahiert man diese von der zweiten Differentialgleichung in (2)
zeigt man die **Äquivalenz.**

Hier können wir die Lösungen zB durch Raten oder diverse Lösungsverfahren angeben

Die Lösungsmenge von beiden System ist

$$w_1(t) = A_1 \cdot \cos(t) + A_2 \cdot \sin(t)$$
$$w_2(t) = B_1 \cdot e^t + B2 \cdot e^{-t}$$

Um zu überprüfen, ob die Lösung stimmt, machen wir die Probe:

$$(\frac{d}{dt}) \cdot w_1(t) = -A_1 \cdot \sin(t) + A_2 \cdot \cos(t)$$

$$(\frac{d^2}{dt^2}) \cdot w_1(t) = -A_1 \cdot \cos(t) - A_2 \cdot \sin(t)$$

$$(\frac{d}{dt}) \cdot w_2(t) = B_1 \cdot e^t - B_2 \cdot e^{-t}$$

$$(\frac{d^2}{dt^2}) \cdot w_2(t) = B_1 \cdot e^t + B_2 \cdot e^{-t}$$

(1) : I $\quad w_1 + (\frac{d^2}{dt^2}) \cdot w_1 = 0$

$\Longleftrightarrow \quad A_1 \cdot \cos(t) + A_2 \cdot \sin(t) + (-A_1 \cdot \cos(t) - A_2 \cdot \sin(t)) = 0$

$\Longleftrightarrow \quad 0 = 0$

$\rightarrow \quad w_1(t)$ ist eine Lösung von I

(1) II $\quad -w_2 + (\frac{d^2}{dt^2}) \cdot w^2 = 0$

$\Longleftrightarrow \quad -(B_1 \cdot e^t + B_2 \cdot e^{-t}) + B_1 \cdot e^t + B_2 \cdot e^{-t} = 0$

$\Longleftrightarrow \quad 0 = 0$

$\rightarrow \quad w_2(t)$ ist eine Lösung von II

Analog in algebraisch Formulierung:

Die Polynom Notation lässt uns (1) und (2) als $R_1 \cdot \left(\dfrac{d}{dt}\right) \cdot w = 0$ und

$R_2 \cdot \left(\dfrac{d}{dt}\right) \cdot w = 0$ schreiben mit Polynommatrizen $R_1(\xi)$ und $R_2(\xi)$ gegeben

durch $\quad R_1(\xi) = \begin{bmatrix} 1+\xi^2 & 0 \\ 0 & -1+\xi^2 \end{bmatrix}$, $R_2(\xi) = \begin{bmatrix} 1+\xi^2 & 0 \\ \xi^2+\xi^4 & -1+\xi^2 \end{bmatrix}$

Algebraisch ausgedrückt sind die Operationen, die (1) und (2) umwandeln:

- Multipliziere die erste Zeile von $R_1(\xi)$ mit ξ^2 und addiere sie zur zweiten Zeile

oder

- Subtrahiere das ξ^2-fache der ersten Zeile von $R_2(\xi)$ von der zweiten Zeile

In Polynom Notation:

- $U(\xi) \cdot R_1(\xi) = R_2(\xi)$ mit $U(\xi) = \begin{bmatrix} 1 & 0 \\ \xi^2 & 1 \end{bmatrix}$

- $V(\xi) \cdot R_2(\xi) = R_1(\xi)$ mit $V(\xi) = \begin{bmatrix} 1 & 0 \\ -\xi^2 & 1 \end{bmatrix}$

$V(\xi) \cdot U(\xi) = \begin{bmatrix} 1 & 0 \\ \xi^2 & 1 \end{bmatrix} \cdot \begin{bmatrix} 1 & 0 \\ -\xi^2 & 1 \end{bmatrix} = \begin{bmatrix} 1 & 0 \\ -\xi^2+\xi^2 & 1 \end{bmatrix} = \begin{bmatrix} 1 & 0 \\ 0 & 1 \end{bmatrix} = I$

Die Polynommatrizen $U(\xi)$ und $V(\xi)$ scheinen zueinander invers zu sein.

Die Eigenschaft, dass die Inverse einer Polynommatrix ebenfalls eine Polynommatrix ist nennt man **Unimodularität**

Diese besondere Eigenschaft ist essentiell, um äquivalente Darstellungen von Differentialgleichungen zu klassifizieren.

Wir erkennen anhand des Beispiels folgenden Zusammenhang:
Für Polynommatrizen $U(\xi) \in IR^{g \times g}[\xi]$ und $R(\xi) \in IR^{g \times q}[\xi]$ wird aus

$R \cdot \left(\dfrac{d}{dt}\right) \cdot w = 0$ gefolgert, dass auch $U \cdot \left(\dfrac{d}{dt}\right) \cdot R \cdot \left(\dfrac{d}{dt}\right) \cdot w = 0$ gilt.

<u>Gilt auch die Umkehrung ?</u>

Man würde vielleicht einfach sagen, dass aus $\;U\cdot(\frac{d}{dt})\cdot R\cdot(\frac{d}{dt})\cdot w=0\;$ gefolgert wird,

dass $\;U^{-1}\cdot(\frac{d}{dt})\cdot U\cdot(\frac{d}{dt})\cdot R\cdot(\frac{d}{dt})\cdot w=0\;$ und daraus $\;R\cdot(\frac{d}{dt})\cdot w=0\;$ folgt.

Das gilt im Allgemeinen nicht, weil $\;U^{-1}(\xi)\;$ generell keine Bedeutung hat.,
also sie könnte auch keine Polynommatrix sein.

Aber damit die Umkehrung gelten kann, muss eine Polynommatrix $\;V(\xi)\in IR^{g\times g}[\xi]$
existieren, so dass $\;V(\xi)\cdot U(\xi)=I\;$ gilt.

——

Schlussfolgerung:
Also beschreiben $\;R\cdot(\frac{d}{dt})\cdot w=0\;$ und $\;U\cdot(\frac{d}{dt})\cdot R\cdot(\frac{d}{dt})\cdot w=0\;$ das Verhalten $\;B\;$.

Satz
Seien $\;R(\xi)\in IR^{g\times q}[\xi]\;$ und $\;U(\xi)\in IR^{g\times g}[\xi]$
Dann definieren wir $\;R'(\xi)=U(\xi)\cdot R(\xi)$
Die Verhalten von $\;R(\xi)\;$ und $\;R'(\xi)\;$ bezeichnen wir als $\;B\;$ und $\;B'$
<u>Dann gilt:</u>
1.) $\;B\subset B'$
2.) Falls $\;U^{-1}(\xi)\in IR^{g\times g}[\xi]\;$ existiert, dann gilt $\;B=B'$

Beweis
1.) Wir wählen $\;w\in B\;$. Also existiert eine Folge $\;w_k\quad\in\quad B\cap C^\infty(IR,IR^q)\;$,

die gegen w konvergiert. Da $\;R\cdot(\frac{d}{dt})\cdot w_k=0\;$ äquivalent mit $\;U\cdot(\frac{d}{dt})\cdot R\cdot(\frac{d}{dt})\cdot w_k=0$

ist , folgt $\;w_k\quad\in\quad B'\;$.
Nach einem vorherigen Satz folgt dass $\;w\in B'\;$.

2.) Nach 1.) reicht es zu zeigen dass $\;B'\subset B\;$ gilt. Es gilt da man nur Teil 1 an
$\quad U^{\perp}1(\xi)\cdot R(\xi)\;$ und $\;R(\xi)\;$ anwenden muss.
#

Definition(Unimodulare Matrix)
Sei $\;U(\xi)\in IR^{g\times g}[\xi]$
Sie heißt unimodulare Polynommatrix, falls eine Polynommatrix $\;V(\xi)\in IR^{g\times g}[\xi]$
existiert, so dass $\;V(\xi)\cdot U(\xi)=I\;$ gilt.

<u>Der Satz wirft ein paar Fragen auf:</u>
1.) Können wir alle unimodulare Matrizen so einfach bestimmen?

2.) Wie können wir den Satz gezielt anwenden?

Zu 1.) Wir werden sehen, dass sich alle unimodulare Matrizen als Produkt von elementaren Matrizen schreiben lassen.

Zu 2.) Die Eigenschaft, dass die Multiplikation von $R(\xi)$ mit $U(\xi)$ das Verhalten B
nicht ändert, kann man verwenden um $R(\xi)$ in Dreiecksgestalt zu bringen.

Beispiele von unimodularen Matrizen sind:

- Nicht singuläre quadratische Matrizen mit konstanten Koeffizienten
- Quadratische obere bzw. untere Dreiecksmatrix(und zugleich Polynommatrix) mit Konstanten ungleich Null auf der Diagonalen
- Einheitsmatrix

Es gilt auch:

- Sind $U_1(\xi)$ und $U_2(\xi)$ unimodular, so auch das Produkt $U_1(\xi) \cdot U_2(\xi)$ unimodular
- Ist $U(\xi)$ unimodular, so ist auch $U^{-1}(\xi)$ unimodular

Elementare Zeilenumformungen und unimodulare Polynommatrizen

Es gibt einige elementaren Umformungen, die man an der Differentialgleichung
$$R \cdot \left(\frac{d}{dt} \right) \cdot w = 0$$ anwenden kann und trotzdem äquivalente Darstellungen
erhält.

Es gibt drei Typen von Zeilenumformungen:

Um das anschaulich zu beschreiben, bezeichnen wir die Zeilen von $R(\xi)$ mit
$r_1(\xi), r_2(\xi), \ldots r_g(\xi)$, also $r_i(\xi) \in IR^{1 \times q}[\xi]$ für $i = 1, \ldots, g$

1.) Vertausche Zeile i und Zeile j

$$R^{\circ}(\xi) = \begin{bmatrix} r_1(\xi) \\ \vdots \\ r_{(i-1)}(\xi) \\ r_j(\xi) \\ r_{(i+1)}(\xi) \\ \vdots \\ r_{(j-1)}(\xi) \\ r_i(\xi) \\ r_{(j+1)}(\xi) \\ \vdots \\ r_g(\xi) \end{bmatrix}$$

2.) Multipliziere i-te Zeile mit einer Konstanten c ungleich Null. Also
$1 \leq i \leq g$

$$R^{\circ}(\xi) = \begin{bmatrix} r_1(\xi) \\ \vdots \\ r_{(i-1)}(\xi) \\ c \cdot r_i(\xi) \\ r_{(i+1)}(\xi) \\ \vdots \\ r_g(\xi) \end{bmatrix}$$

3.) Ersetze die $i-te$ Zeile durch die Summe der i-ten Zeile und dem ξ^d -fachen der $j-ten$ Zeile. (Im Kontext ausgedrückt: Leite die j-te Gleichung d-mal ab und addiere das Ergebnis zur $i-ten$ Gleichung

Also d ist ein positive ganze Zahl, $1 \le i \le g$, $1 \le j \le g$, i ungleich j

$$R°(\xi) = \begin{bmatrix} r_1(\xi) \\ \vdots \\ r_{(i-1)}(\xi) \\ r_i(\xi) + \xi^d \cdot r_j(\xi) \\ r_{(i+1)}(\xi) \\ \vdots \\ r_g(\xi) \end{bmatrix}$$

→ Für alle drei Typen ist klar, dass $R \cdot (\frac{d}{dt}) \cdot w = 0$ und $R° \cdot (\frac{d}{dt}) \cdot w = 0$ die selben starken Lösungen haben und somit beschreiben sie das selbe Verhalten B

Jeder der drei Operationen entspricht der Links-Multiplikation mit einer unimodularen Matrix

zu 1: Entspricht der Linksmultiplikation mit einer Matrix M , die man durch Vertauschen der i-ten und j-ten Spalte in der Einheitsmatrix erhält.
Die Matrix M nennt man Permutationsmatrix

zu 2: Entspricht dem Ersetzen von R(ξ) durch $D \cdot R(\xi)$ wobei D eine Diagonalmatrix
der Form $D = diag(1, \ldots, 1, c, 1, \ldots, 1)$ ist.

Zu 3: Entspricht dem Ersetzen von $R(\xi)$ durch $N(\xi) \cdot R(\xi)$, wobei N fast die Form einer Einheitsmatrix hat, also lauter 1en auf der Diagonale aber in i-ter Zeile, j-ter Spalte steht ξ^d

→ Die Matrizen M(ξ), D(ξ), N(ξ) nennt man elementare unimodulare Matrizen.

Dadurch bekommen wir einen leichteren Weg, um äquivalente Differentialgleichungen zu erhalten

Satz
$U(\xi) \in IR^{g \times g}[\xi]$ ist unimodular genau dann wenn es es aus einem Produkt von elementaren unimodularen Matrizen besteht.

Beispiel(Anwendung von unimodularen Matrizen)

$$R(\xi)=\begin{bmatrix} -1+\xi^2 & 1+\xi^3 \\ 2+\xi^3 & -4+\xi^3 \end{bmatrix}$$

Wir wollen diese Matrix in eine obere Dreiecksmatrix mit elementaren Zeilenumformungen umwandeln.

$$R(\xi)=\begin{bmatrix} -1+\xi^2 & 1+\xi^3 \\ 2+\xi^3 & -4+\xi^3 \end{bmatrix} \rightarrow \begin{bmatrix} -1+\xi^2 & 1+\xi^3 \\ 2+\xi & -4+\xi^3-\xi-\xi^4 \end{bmatrix} \rightarrow$$

$$\begin{bmatrix} -1-2\xi & 1+\xi^3+4\xi-\xi^4+\xi^2+\xi^5 \\ 2+\xi & -4+\xi^3-\xi-\xi^4 \end{bmatrix} \rightarrow$$

$$\begin{bmatrix} 3 & -7+3\xi^3+2\xi-3\xi^4+\xi^2+\xi^5 \\ 2+\xi & -4+\xi^3-\xi-\xi^4 \end{bmatrix}$$

$$\begin{bmatrix} 3 & -7+3\xi^3+2\xi-3\xi^4+\xi^2+\xi^5 \\ 2 & -4+\xi^3-\xi-\xi^4+(\frac{7}{3})\xi-\xi^4-(\frac{2}{3})\xi^2+\xi^5-(\frac{1}{3})\xi^3-(\frac{1}{3})\xi^6 \end{bmatrix} =$$

$$\begin{bmatrix} 3 & -7+3\xi^3+2\xi-3\xi^4+\xi^2+\xi^5 \\ 2 & -4+(\frac{2}{3})\xi^3+(\frac{4}{3})\xi-2\xi^4-(\frac{2}{3})\xi^2+\xi^5-(\frac{1}{3})\xi^6 \end{bmatrix} \rightarrow$$

$$\begin{bmatrix} 3 & -7+3\xi^3+2\xi-3\xi^4+\xi^2+\xi^5 \\ 0 & (\frac{2}{3})-(\frac{4}{3})\xi^3-(\frac{4}{3})\xi^2+(\frac{1}{3})\xi^5-(\frac{1}{3})\xi^6 \end{bmatrix}$$

Operationen: $1 \rightarrow 2$: $II-\xi I$; $2 \rightarrow 3$: $I-\xi II$; $3 \rightarrow 4$: $I+2II$; $4 \rightarrow 5$: $II-(\frac{1}{3})\xi I$; $5=6$; $6 \rightarrow 7$: $II-(\frac{2}{3})I$

Wir erhalten diese obere Dreiecksmatrix

Wir wir sehen, ist das ein sehr rechenaufwendig.

Eine wesentlich schnellere Möglichkeit ist:

$$R(\xi)=\begin{bmatrix} -1+\xi^2 & 1+\xi^3 \\ 2+\xi^3 & -4+\xi^3 \end{bmatrix} \longrightarrow$$

$$\begin{bmatrix} -1+\xi^2 & 1+\xi^3 \\ 0 & (-4+\xi^3)\cdot(1-\xi^2)+(2+\xi^3)\cdot(1+\xi^3) \end{bmatrix} =$$

$$\begin{bmatrix} -1+\xi^2 & 1+\xi^3 \\ 0 & -4+4\xi^2+\xi^3-\xi^5+2+2\xi^3+\xi^3+\xi^6 \end{bmatrix} =$$

$$\begin{bmatrix} -1+\xi^2 & 1+\xi^3 \\ 0 & -2+4\xi^2+4\xi^3-\xi^5+\xi^6 \end{bmatrix}$$

Operationen: $\mathbf{1 \rightarrow 2}$: $(1-\xi^2)\,II+(2+\xi^3)\,I$; $2 = 3$; $3 = 4$

Es ist nicht klar, ob diese Zeilenumformung das Gleiche ist wie eine Folge von elementaren Zeilenumformungen.

Wir wissen:

Eine Zeilenumformung bedeutet, eine Polynommatrix von Links zu multiplizieren. Falls diese Matrix unimodular ist, dann ist diese Zeileumformung eine Folge von mehreren elementaren Zeilenumformungen.

Die Zeilenumformung ($\mathbf{1 \rightarrow 2}$) können wir durch Links-Multiplikation von $R(\xi)$ mit einer Polynommatrix der Form

$$U(\xi)=\begin{bmatrix} ¿ & ¿ \\ 2+\xi^3 & 1-\xi^2 \end{bmatrix}$$

Es ist nicht nötig die Einträge in der ersten Zeile zu bestimmen, um zu sagen, dass die Polynommatrix eine unimodulare Matrix ist.

Eine Möglichkeit das zu sagen gibt uns der folgende Satz

Satz
Seien $r_1(\xi),\dots,r_k(\xi)\in IR(\xi)$ und nehmen an, dass diese Polynome keinen gemeinsamen Teiler(nicht konstant) haben, dann existiert eine unimodulare Matrix $U(\xi)\in IR_{(k\times k)}[\xi]$, sodass die letzte Zeile die Form $[r_1(\xi),\dots,r_k(\xi)]$ hat

Also gibt es Polynome $a(\xi)$, $b(\xi)$ die man in die erste Zeile baut, sodass $det(U(\xi))=1$
Äquivalent dazu schreibt man auch $a(\xi)\cdot(2+\xi^3)+b(\xi)\cdot(1-\xi^2)=1$

Diese Gleichung hat einen besonderen Namen, die **Bezout Identität**

Literatur

J. W. Polderman, J. C. Willems: Introduction to Mathematical System Theory, Springer, 1998

Prof. Dr. Georg Illies: Kurzskriptum der Vorlesung im Sommersemester 2013: Gewöhnliche Differentialgleichungen, 2013

Florian Modler, Martin Kreh: Tutorium Analysis 2 und Lineare Algebra 2, Spektrum, 2012